대화에 물꼬를 트는
영어회화
문답연습 -3단대화

대화에 물꼬를 트는 영어회화 문답연습_3단대화

발 행 | 2018년 10월 24일
저 자 | 김지완
펴낸이 | 한건희
펴낸곳 | 주식회사 부크크
출판사등록 | 2014.07.15.(제2014-16호)
주 소 | 경기도 부천시 원미구 춘의동 202 춘의테크노파크2단지 202동 1306호
전 화 | 1670-8316
이메일 | info@bookk.co.kr

ISBN | 979-11-272-5082-9

영어회화 문답연습

김지완 지음

대화의 물꼬를 트는
별의별 영어 문장/대화 다 있다

모르는 사람과, 또는 말이 잘 안 통하는 외국인과 함께 있다면 참 어색할 겁니다. 그 상황, 말이 잘 안 되더라도 대화를 하면서 즐거운 시간으로 기억될 수 있으려면 무엇이 필요할까요? 말을 이어나갈 문장이 필요하죠. 영어를 어느 정도 이해하고 읽을 수 있고 들을 수 있어도 대화란 최고 난이도의 언어 영역이라고 할 수 있습니다. 단순히 지식이 있다고, 문장을 만들 수 있다고 대화를 이어나갈 수 있는 것이 아닙니다.

상황 상황마다 적절하게 톡톡 저절로 튀어나올 수 있는 문장이 머릿속에 자리잡아 있어야 하는 것입니다. 그래야 상대방의 말에 반응도 자연스럽게 이루어지고 대화가 이어집니다.
그렇게 별의별 상황, 주제에 대해 말을 멈추지 않고 대화를 이어가기 용이하게 도와줄 문장 180개를 정리해 대화를 만들었습니다.

이를 적재적소에 말할 수 있으려면 저절로 튀어나올 정도로 제대로 암기하고 있어야 합니다. 암기 방법 또한 효과적인 누적체크로 마련해두었습니다. 외국인 인맥 만들기에 도움이 될 문장 연습을 시작해보세요.

상대의 이야기를 유도하면
대화가 쉽게 풀린다

대화를 길게 이어가는 것, 그것도 영어로. 생각보다 어렵습니다. 대화를 하고자 하는 사람이 친하지 않다면 더 하죠. 그러면 대화를 이어가기 위한 기술과 내용이 필요합니다. 상황에 맞는 적절한 이야기를 이어가는 것은 대화 상대에 대한 호감의 표시이기도 하고 관심의 표명이라 대화에 윤활유가 됩니다. 일단 대화가 시작되면 내용을 이용해 2차 질문을 하거나 대응을 해주면 됩니다.

이 교재에서는 일상생활에서 나눌 만한 대화 주제를 30일 동안 3단 대화 2쌍의 대화로 학습합니다. 그러면 대화는 60쌍이 쌓이고, 문장은 180개를 암기하게 됩니다.

30일 * 2개 대화 = 60개 대화

30일 * 6개 문장 = 180문장

영어 공부에 왕도는 없다

복습과 반복의 힘, 망각을 이기는
누적 체크

하루 암기 분량은 단 6문장입니다. 적다고요? 별거 아니라고요? 무시하지 마세요. 30일이 지나면 180개의 문장을 암기하는 것입니다. 180개라고 하니 엄청나다고요? 다 외워서 기억할 수 있냐고요? 복습과 반복 학습을 하셔야 합니다. 게을리 하지 않을 각오면 충분합니다.

30일이면 웬만한 상황 대화 다 본다!

-1일차에 문장만 암기하고, 2일차부터 전날 외운 문장 누적체크를 먼저하고 문장 암기를 합니다.

-잘 안 되는 문장, 아리송한 문장 모두 체크합니다.

-문장 암기에서 욕심을 부려 분량을 늘리면 나중에 누적체크에 부담이 갈 수 있으니 잘 조정하셔야 합니다.

-자신에게 맞게 일정을 세워 학습하고, 10일 안에 총복습을 합니다. 예를 들어 5일 단위로 총복습을 한다면 1-5일은 누적체크를 하고 문장을 외우고, 6일째 진도를 나가지 않고 전체적으로 복습합니다. 단, 무리가 가지 않는 선에서 훑어봅니다.

CONTENT

Day 1 영어 대화 연습

A: Why are you still playing it?
B: I can't find out what else I like to do.
A: You can't live without a computer.

A: 왜 아직도 게임을 하고 있는 거야?
B: 다른 거 좋아할 만한 게 없어.
A: 너는 컴퓨터 없이는 못 사는구나.

A: I want to study in a quiet place.
B: Come here! This is really a quiet place.
A: Yes. I like this kind of quiet place.

A: 난 조용한 곳에서 공부하고 싶어.
B: 이리 와봐! 여기 참 조용한 곳이네.
A: 그래. 난 이렇게 조용한 곳이 좋더라.

우리말을 영어로 바꿔 말해보세요

A: 왜 아직도 게임을 하고 있는 거야?
B: 다른 거 좋아할 만한 게 없어.
A: 너는 컴퓨터 없이는 못 사는구나.

A: 난 조용한 곳에서 공부하고 싶어.
B: 이리 와봐! 여기 참 조용한 곳이네.
A: 그래. 난 이렇게 조용한 곳이 좋더라.

Day 2에 보는 누적체크

우리말을 영어로 바꿔 말해보세요

Day 1 영어 대화 연습

A: 왜 아직도 게임을 하고 있는 거야?
B: 다른 거 좋아할 만한 게 없어.
A: 너는 컴퓨터 없이는 못 사는구나.

A: 난 조용한 곳에서 공부하고 싶어.
B: 이리 와봐! 여기 참 조용한 곳이네.
A: 그래. 난 이렇게 조용한 곳이 좋더라.

Day 2 영어 대화 연습

A: Didn't I ask you to clean the living room?
B: Stop complaining. I'll do that now.
A: (after a while) Why are you still here?

A: 거실 청소 하라고 내가 안 했니?
B: 불평 좀 그만 하라고. 이제 할 거야.
A: (잠시 후) 너 왜 아직도 여기 있어?

A: Why didn't you email your report to me?
B: I e-mailed it last Friday. Can you check your email again?
A: Nothing from you. You can send the file today.

A: 왜 나한테 네 보고서를 이메일로 보내지 않았니?
B: 지난 금요일에 이메일로 보냈어. 이메일을 다시 확인해볼 수 있니?
A: 너한테 아무것도 안 왔어. 오늘 파일을 보내줘도 돼.

우리말을 영어로 바꿔 말해보세요

A: 거실청소 하라고 내가 안 했니?
B: 불평 좀 그만 하라고. 이제 할 거야.
(잠시 후)
A: 너 왜 아직도 여기 있어?

A: 왜 나한테 네 보고서를 이메일로 보내지 않았니?
B: 지난 금요일에 이메일로 보냈어. 이메일을 다시 확인해볼 수 있니?
A: 너한테 아무것도 안 왔어. 오늘 파일을 보내줘도 돼.

Day 3에 보는 누적체크

우리말을 영어로 바꿔 말해보세요

Day 1 영어 대화 연습

A: 왜 아직도 게임을 하고 있는 거야?
B: 다른 거 좋아할 만한 게 없어.
A: 너는 컴퓨터 없이는 못 사는구나.

A: 난 조용한 곳에서 공부하고 싶어.
B: 이리 와봐! 여기 참 조용한 곳이네.
A: 그래. 난 이렇게 조용한 곳이 좋더라.

Day 2 영어 대화 연습

A: 거실청소 하라고 내가 안 했니?
B: 불평 좀 그만 하라고. 이제 할 거야.
(잠시 후)
A: 너 왜 아직도 여기 있어?

A: 왜 나한테 네 보고서를 이메일로 보내지 않았니?
B: 지난 금요일에 이메일로 보냈어. 이메일을 다시 확인해볼 수 있니?
A: 너한테 아무것도 안 왔어. 오늘 파일을 보내줘도 돼.

Day 3 영어 대화 연습

A: Don't you like to go to Paris someday?
B: Is that because of the old style buildings there?
A: Yes, it has a great deal of the old European architecture.

A: 언젠가 파리에 가보고 싶지 않아요?
B: 예스러운 건물 스타일 때문에요?
A: 맞아요. 옛날 유럽식 건축물들이 아주 많이 있잖아요.

A: Did you watch the TV program yesterday?
B: What program do you mean?
A: It was the show about animals. You know what? Hippos move fast in the water like crocodiles.

A: 어제 TV 프로그램 봤어?
B: 어떤 프로그램 말하는 거야?
A: 동물에 대한 프로그램이었어. 그거 알아? 하마는 물속에서 악어처럼 빠르게 움직여.

우리말을 영어로 바꿔 말해보세요

A: 언젠가 파리에 가보고 싶지 않아요?
B: 예스러운 건물들 때문에요?
A: 맞아요. 옛날 유럽식 건축물들이 아주 많이 있잖아요.

A: 어제 TV 프로그램 봤어?
B: 어떤 프로그램 말하는 거야?
A: 동물에 대한 프로그램이었어. 그거 알아? 하마는 물속에서 악어처럼 빠르게 움직여.

Day 4에 보는 누적체크

우리말을 영어로 바꿔 말해보세요

Day 1 영어 대화 연습

A: 왜 아직도 게임을 하고 있는 거야?
B: 다른 거 좋아할 만한 게 없어.
A: 너는 컴퓨터 없이는 못 사는구나.

A: 난 조용한 곳에서 공부하고 싶어.
B: 이리 와봐! 여기 참 조용한 곳이네.
A: 그래. 난 이렇게 조용한 곳이 좋더라.

Day 2 영어 대화 연습

A: 거실청소 하라고 내가 안 했니?
B: 불평 좀 그만 하라고. 이제 할 거야.
(잠시 후)
A: 너 왜 아직도 여기 있어?

A: 왜 나한테 네 보고서를 이메일로 보내지 않았니?
B: 지난 금요일에 이메일로 보냈어. 이메일을 다시 확인해볼 수 있니?
A: 너한테 아무것도 안 왔어. 오늘 파일을 보내줘도 돼.

Day 3 영어 대화 연습

A: 언젠가 파리에 가보고 싶지 않아요?
B: 예스러운 건물들 때문에요?
A: 맞아요. 옛날 유럽식 건축물들이 아주 많이 있잖아요.

A: 어제 TV 프로그램 봤어?
B: 어떤 프로그램 말하는 거야?
A: 동물에 대한 프로그램이었어. 그거 알아? 하마는 물속에서 악어처럼 빠르게 움직여.

Day 4 영어 대화 연습

A: I'd like to travel alone someday.
B: Where do you want to visit?
A: London. I've seen lots of beautiful photos of London.

A: 난 언젠가는 혼자 여행을 하고 싶어.
B: 어디를 가고 싶은데?
A: 런던. 런던의 아름다운 사진들을 많이 본 적이 있어.

A: Are you interested in art? How about we visit an exhibition this Sunday?
B: Art exhibition? But I don't know much about art, so I'm not sure it is fun there.
A: Then, how about a musical instead?

A: 너 미술에 관심 있니? 이번 주 일요일에 우리 전시회에 가는 건 어떨까?
B: 그림 전시회? 그런데 난 미술에 대해 잘 몰라서 거기서 재미있을 것 같지 않아.
A: 그럼 대신 뮤지컬 어때?

우리말을 영어로 바꿔 말해보세요

A: 난 언젠가는 혼자 여행을 하고 싶어.

B: 어디를 가고 싶은데?

A: 런던. 런던의 아름다운 사진들을 많이 본 적이 있어.

A: 너 미술에 관심 있니? 이번 주 일요일에 우리 전시회에 가는 건 어떨까?

B: 그림 전시회? 그런데 난 미술에 대해 잘 몰라서 거기서 재미있을 것 같지 않아.

A: 그럼 대신 뮤지컬 어때?

Day 5에 보는 누적체크

우리말을 영어로 바꿔 말해보세요

Day 1 영어 대화 연습

A: 왜 아직도 게임을 하고 있는 거야?
B: 다른 거 좋아할 만한 게 없어.
A: 너는 컴퓨터 없이는 못 사는구나.

A: 난 조용한 곳에서 공부하고 싶어.
B: 이리 와봐! 여기 참 조용한 곳이네.
A: 그래. 난 이렇게 조용한 곳이 좋더라.

Day 2 영어 대화 연습

A: 거실청소 하라고 내가 안 했니?
B: 불평 좀 그만 하라고. 이제 할 거야.
(잠시 후)
A: 너 왜 아직도 여기 있어?

A: 왜 나한테 네 보고서를 이메일로 보내지 않았니?
B: 지난 금요일에 이메일로 보냈어. 이메일을 다시 확인해볼 수 있니?
A: 너한테 아무것도 안 왔어. 오늘 파일을 보내줘도 돼.

Day 3 영어 대화 연습

A: 언젠가 파리에 가보고 싶지 않아요?

B: 예스러운 건물들 때문에요?

A: 맞아요. 옛날 유럽식 건축물들이 아주 많이 있잖아요.

A: 어제 TV 프로그램 봤어?

B: 어떤 프로그램 말하는 거야?

A: 동물에 대한 프로그램이었어. 그거 알아? 하마는 물속에서 악어처럼 빠르게 움직여.

Day 4 영어 대화 연습

A: 난 언젠가는 혼자 여행을 하고 싶어.

B: 어디를 가고 싶은데?

A: 런던. 런던의 아름다운 사진들을 많이 본 적이 있어.

A: 너 미술에 관심 있니? 이번 주 일요일에 우리 전시회에 가는 건 어떨까?

B: 그림 전시회? 그런데 난 미술에 대해 잘 몰라서 거기서 재미있을 것 같지 않아.

A: 그럼 대신 뮤지컬 어때?

Day 5 영어 대화 연습

A: Did you bring your sunglasses?
B: Yes, I did. Oh, did you see my notebook?
A: Yes, I think you put it in your bag.

A: 선글라스 가져오셨어요?
B: 네, 가져왔어요. 아, 제 노트 보셨어요?
A: 네, 당신이 가방 안에 넣은 것 같은데요.

A: I haven't seen Fred in his office.
B: Yeah, he is under the weather. He's got a cold.
A: Oh, I'm sorry to hear that. Did he go to a doctor?

A: 프레드가 사무실에 안 보이던데.
B: 응, 그는 몸이 안 좋아. 감기에 걸렸어.
A: 이런, 안됐네. 병원에 갔다 왔대?

우리말을 영어로 바꿔 말해보세요

A: 선글라스 가져오셨어요?

B: 네, 가져왔어요. 아, 제 노트 보셨어요?

A: 네, 당신이 가방 안에 넣은 것 같은데요.

A: 프레드가 사무실에 안 보이던데.

B: 응, 그는 몸이 안 좋아. 감기에 걸렸어.

A: 이런, 안됐네. 병원에 갔다 왔대?

Day 6에 보는 누적체크

우리말을 영어로 바꿔 말해보세요

Day 1 영어 대화 연습

A: 왜 아직도 게임을 하고 있는 거야?
B: 다른 거 좋아할 만한 게 없어.
A: 너는 컴퓨터 없이는 못 사는구나.

A: 난 조용한 곳에서 공부하고 싶어.
B: 이리 와봐! 여기 참 조용한 곳이네.
A: 그래. 난 이렇게 조용한 곳이 좋더라.

Day 2 영어 대화 연습

A: 거실 청소 하라고 내가 안 했니?
B: 불평 좀 그만 하라고. 이제 할 거야.
(잠시 후)
A: 너 왜 아직도 여기 있어?

A: 왜 나한테 네 보고서를 이메일로 보내지 않았니?
B: 지난 금요일에 이메일로 보냈어. 이메일을 다시 확인해볼 수 있니?
A: 너한테 아무것도 안 왔어. 오늘 파일을 보내줘도 돼.

Day 3 영어 대화 연습

A: 언젠가 파리에 가보고 싶지 않아요?
B: 예스러운 건물들 때문에요?
A: 맞아요. 옛날 유럽식 건축물들이 아주 많이 있잖아요.

A: 어제 TV 프로그램 봤어?
B: 어떤 프로그램 말하는 거야?
A: 동물에 대한 프로그램이었어. 그거 알아? 하마는 물속에서 악어처럼 빠르게 움직여.

Day 4 영어 대화 연습

A: 난 언젠가는 혼자 여행을 하고 싶어.
B: 어디를 가고 싶은데?
A: 런던. 런던의 아름다운 사진들을 많이 본 적이 있어.

A: 너 미술에 관심 있니? 이번 주 일요일에 우리 전시회에 가는 건 어떨까?
B: 그림 전시회? 그런데 난 미술에 대해 잘 몰라서 거기서 재미있을 것 같지 않아.
A: 그럼 대신 뮤지컬 어때?

Day 5 영어 대화 연습

A: 선글라스 가져오셨어요?
B: 네, 가져왔어요. 아, 제 노트 보셨어요?
A: 네, 당신이 가방 안에 넣은 것 같은데요.

A: 프레드가 사무실에 안 보이던데.
B: 응, 그는 몸이 안 좋아. 감기에 걸렸어.
A: 이런, 안됐네. 병원에 갔다 왔대?

Day 6 영어 대화 연습

A: How did you lose weight?
B: I used to have a sweet tooth, but I gave up sweets.
A: I envy you. When it comes to pizza, I can't say no.

A: 어떻게 살을 뺐어?
B: 난 단 걸 무지 좋아했는데, 단 걸 끊었어.
A: 부럽다. 피자라면, 난 거절을 못하는데.

A: Do you want to do something worthwhile this Saturday?
B: Umm... it depends what it is.
A: I'm planning to play tennis with friends. Are you going to join us?

A: 이번 주 토요일에 뭔가 보람 있는 일 하고 싶지 않니?
B: 그게 뭔지에 따라 다르지.
A: 친구들이랑 테니스를 칠 계획이야. 너도 같이 할래?

우리말을 영어로 바꿔 말해보세요

A: 어떻게 살을 뺐어?
B: 난 단 걸 무지 좋아했는데, 단 걸 끊었어.
A: 부럽다. 피자라면, 난 거절을 못하는데.

A: 이번 주 토요일에 뭔가 보람 있는 일 하고 싶지 않니?
B: 그게 뭔지에 따라 다르지.
A: 친구들이랑 테니스를 칠 계획이야. 너도 같이 할래?

Day 7에 보는 누적체크

우리말을 영어로 바꿔 말해보세요

Day 6 영어 대화 연습

A: 어떻게 살을 뺐어?
B: 난 단 걸 무지 좋아했는데, 단 걸 끊었어.
A: 부럽다. 피자라면, 난 거절을 못하는데.

A: 이번 주 토요일에 뭔가 보람 있는 일 하고 싶지 않니?
B: 그게 뭔지에 따라 다르지.
A: 친구들이랑 테니스를 칠 계획이야. 너도 같이 할래?

Day 7 영어 대화 연습

A: Did you see "A qiet place"?
B: Yes, it's really suspenseful. Do you know who the director is?
A: John Krasinski. His movies are bound to be popular.

A: "콰이엇 플레이스" 봤니?
B: 응, 진짜 서스펜스가 넘쳐. 너 감독이 누구인지 알아?
A: 존 크래신스키. 그 감독 영화는 확실히 인기가 많지.

A: How many times a day do you eat?
B: Usually three times; breakfast, lunch, and dinner. No matter how busy I am, I eat three times a day for my health.
A: Wow! You don't skip meals.

A: 너는 몇 번 먹니?
B: 보통 3번. 아침식사, 점심식사, 저녁식사 이렇게. 아무리 바빠도 건강을 위해 하루에 세 끼를 먹어.
A: 와! 넌 식사를 건너뛰지 않는구나.

우리말을 영어로 바꿔 말해보세요

A: "콰이엇 플레이스" 봤니?
B: 응, 진짜 서스펜스가 넘쳐. 너 감독이 누구인지 알아?
A: 존 크래신스키. 그 감독 영화는 확실히 인기가 많지.

A: 너는 몇 번 먹니?
B: 보통 3번. 아침식사, 점심식사, 저녁식사 이렇게. 아무리 바빠도 건강을 위해 하루에 세 끼를 먹어.
A: 와! 넌 식사를 건너뛰지 않는구나.

Day 8에 보는 누적체크

우리말을 영어로 바꿔 말해보세요

Day 6 영어 대화 연습

A: 어떻게 살을 뺐어?
B: 난 단 걸 무지 좋아했는데, 단 걸 끊었어.
A: 부럽다. 피자라면, 난 거절을 못하는데.

A: 이번 주 토요일에 뭔가 보람 있는 일 하고 싶지 않니?
B: 그게 뭔지에 따라 다르지.
A: 친구들이랑 테니스를 칠 계획이야. 너도 같이 할래?

Day 7 영어 대화 연습

A: "콰이엇 플레이스" 봤니?
B: 응, 진짜 서스펜스가 넘쳐. 너 감독이 누구인지 알아?
A: 존 크래신스키. 그 감독 영화는 확실히 인기가 많지.

A: 너는 몇 번 먹니?
B: 보통 3번. 아침식사, 점심식사, 저녁식사 이렇게. 아무리 바빠도 건강을 위해 하루에 세 끼를 먹어.
A: 와! 넌 식사를 건너뛰지 않는구나.

Day 8 영어 대화 연습

A: What's the next thing to find out?
B: I'm not sure. What's the next thing we have to do?
A: That's what I'm saying. What's the next thing we have to prepare for?

A: 이제 다음에 알아봐야 할 게 뭐지?
B: 모르겠어. 우리가 이제 해야 할 일이 뭘까?
A: 내 말이 그 말이야. 우리가 다음으로 준비해야 할 게 뭐냐고?

A: Let's go out for lunch.
B: Sorry, right now I have so much work to do. I'll skip lunch.
A: But, you have to eat something to keep up your energy. Can I go out and get you something?

A: 점심 먹으러 가는 나가자.
B: 미안해, 지금은 할 일이 많아. 점심 건너뛸래.
A: 그런데 에너지를 내려면 뭘 좀 먹어야 해. 나가서 뭐 좀 사다 줄까?

우리말을 영어로 바꿔 말해보세요

A: 이제 다음에 알아봐야 할 게 뭐지?

B: 모르겠어. 우리가 이제 해야 할 일이 뭘까?

A: 내 말이 그 말이야. 우리가 다음으로 준비
해야 할 게 뭐냐고?

A: 점심 먹으러 가는 나가자.

B: 미안해, 지금은 할 일이 많아. 점심 건너뛸
래.

A: 그런데 에너지를 내려면 뭘 좀 먹어야 해.
나가서 뭐 좀 사다 줄까?

Day 9에 보는 누적체크

우리말을 영어로 바꿔 말해보세요

Day 6 영어 대화 연습

A: 어떻게 살을 뺐어?
B: 난 단 걸 무지 좋아했는데, 단 걸 끊었어.
A: 부럽다. 피자라면, 난 거절을 못하는데.

A: 이번 주 토요일에 뭔가 보람 있는 일 하고 싶지 않니?
B: 그게 뭔지에 따라 다르지.
A: 친구들이랑 테니스를 칠 계획이야. 너도 같이 할래?

Day 7 영어 대화 연습

A: "콰이엇 플레이스" 봤니?
B: 응, 진짜 서스펜스가 넘쳐. 너 감독이 누구인지 알아?
A: 존 크래신스키. 그 감독 영화는 확실히 인기가 많지.

A: 너는 몇 번 먹니?
B: 보통 3번. 아침식사, 점심식사, 저녁식사 이렇게. 아무리 바빠도 건강을 위해 하루에 세 끼를 먹어.
A: 와! 넌 식사를 건너뛰지 않는구나.

Day 8 영어 대화 연습

A: 이제 다음에 알아봐야 할 게 뭐지?
B: 모르겠어. 우리가 이제 해야 할 일이 뭘까?
A: 내 말이 그 말이야. 우리가 다음으로 준비해야 할 게 뭐냐고?

A: 점심 먹으러 가는 나가자.
B: 미안해, 지금은 할 일이 많아. 점심 건너뛸래.
A: 그런데 에너지를 내려면 뭘 좀 먹어야 해. 나가서 뭐 좀 사다 줄까?

Day 9 영어 대화 연습

A: I'd be happy to help you.

B: I'd be happy to have you on our team.

A: I'd be happy to make suggestions whenever you want.

A: 기꺼이 당신들을 도와줄게요.
B: 저희 팀에 와주시면 좋겠어요.
A: 필요하실 때마다 조언을 해드릴게요.

A: I'd like something spicy.

B: Then how about Thai food? I haven't had spicy food lately.

A: That sounds good. I crave spicy food when I'm stressed like today.

A: 나 매운 게 먹고 싶어.
B: 그럼 타이 음식 어때? 난 요즘 매운 음식을 못 먹었어.
A: 그거 좋아. 난 오늘처럼 스트레스 받으면 매운 음식이 끌려.

우리말을 영어로 바꿔 말해보세요

A: 기꺼이 당신들을 도와줄게요.
B: 저희 팀에 와주시면 좋겠어요.
A: 필요하실 때마다 조언을 해드릴게요.

A: 나 매운 게 먹고 싶어.
B: 그럼 타이 음식 어때? 난 요즘 매운 음식을
못 먹었어.
A: 그거 좋아. 난 오늘처럼 스트레스 받으면
매운 음식이 끌려.

Day 10에 보는 누적체크

우리말을 영어로 바꿔 말해보세요

Day 6 영어 대화 연습

A: 어떻게 살을 뺐어?
B: 난 단 걸 무지 좋아했는데, 단 걸 끊었어.
A: 부럽다. 피자라면, 난 거절을 못하는데.

A: 이번 주 토요일에 뭔가 보람 있는 일 하고 싶지 않니?
B: 그게 뭔지에 따라 다르지.
A: 친구들이랑 테니스를 칠 계획이야. 너도 같이 할래?

Day 7 영어 대화 연습

A: "콰이엇 플레이스" 봤니?
B: 응, 진짜 서스펜스가 넘쳐. 너 감독이 누구인지 알아?
A: 존 크래신스키. 그 감독 영화는 확실히 인기가 많지.

A: 너는 몇 번 먹니?
B: 보통 3번. 아침식사, 점심식사, 저녁식사 이렇게. 아무리 바빠도 건강을 위해 하루에 세 끼를 먹어.
A: 와! 넌 식사를 건너뛰지 않는구나.

Day 8 영어 대화 연습

A: 이제 다음에 알아봐야 할 게 뭐지?
B: 모르겠어. 우리가 이제 해야 할 일이 뭘까?
A: 내 말이 그 말이야. 우리가 다음으로 준비해야 할 게 뭐냐고?

A: 점심 먹으러 가는 나가자.
B: 미안해, 지금은 할 일이 많아. 점심 건너뛸래.
A: 그런데 에너지를 내려면 뭘 좀 먹어야 해. 나가서 뭐 좀 사다 줄까?

Day 9 영어 대화 연습

A: 기꺼이 당신들을 도와줄게요.
B: 저희 팀에 와주시면 좋겠어요.
A: 필요하실 때마다 조언을 해드릴게요.

A: 나 매운 게 먹고 싶어.
B: 그럼 타이 음식 어때? 난 요즘 매운 음식을 못 먹었어.
A: 그거 좋아. 난 오늘처럼 스트레스 받으면 매운 음식이 끌려.

Day 10 영어 대화 연습

A: You should stretch while you sweat.

B: I think you should sit still.

A: I don't think so. You should exercise while you sweat.

A: 땀을 흘리면서 스트레칭을 해야 해.
B: 가만히 앉아있어야 할 것 같은데.
A: 난 아니라고 생각해. 땀을 흘리면서 운동을 해야지.

A: I've been promoted.

B: Then you'll get a raise, right?

A: I don't know. I think I should ask my boss for a raise tomorrow.

A: 나 승진했어요.
B: 그럼 월급 오르겠네요?
A: 모르겠어요. 내일 상사한테 내 월급을 올려달라고 말해야 할 것 같아요.

우리말을 영어로 바꿔 말해보세요

A: 땀을 흘리면서 스트레칭을 해야 해.
B: 가만히 앉아있어야 할 것 같은데.
A: 난 아니라고 생각해. 땀을 흘리면서 운동을
해야지.

A: 나 승진했어요.
B: 그럼 월급 오르겠네요?
A: 모르겠어요. 내일 상사한테 내 월급을 올려
달라고 말해야 할 것 같아요.

Day 11에 보는 누적체크

우리말을 영어로 바꿔 말해보세요

Day 6 영어 대화 연습

A: 어떻게 살을 뺐어?

B: 난 단 걸 무지 좋아했는데, 단 걸 끊었어.

A: 부럽다. 피자라면, 난 거절을 못하는데.

A: 이번 주 토요일에 뭔가 보람 있는 일 하고 싶지 않니?

B: 그게 뭔지에 따라 다르지.

A: 친구들이랑 테니스를 칠 계획이야. 너도 같이 할래?

Day 7 영어 대화 연습

A: "콰이엇 플레이스" 봤니?

B: 응, 진짜 서스펜스가 넘쳐. 너 감독이 누구인지 알아?

A: 존 크래신스키. 그 감독 영화는 확실히 인기가 많지.

A: 너는 몇 번 먹니?

B: 보통 3번. 아침식사, 점심식사, 저녁식사 이렇게. 아무리 바빠도 건강을 위해 하루에 세 끼를 먹어.

A: 와! 넌 식사를 건너뛰지 않는구나.

Day 8 영어 대화 연습

A: 이제 다음에 알아봐야 할 게 뭐지?

B: 모르겠어. 우리가 이제 해야 할 일이 뭘까?

A: 내 말이 그 말이야. 우리가 다음으로 준비해야 할 게 뭐냐고?

A: 점심 먹으러 가는 나가자.

B: 미안해, 지금은 할 일이 많아. 점심 건너뛸래.

A: 그런데 에너지를 내려면 뭘 좀 먹어야 해. 나가서 뭐 좀 사다 줄까?

Day 9 영어 대화 연습

A: 기꺼이 당신들을 도와줄게요.

B: 저희 팀에 와주시면 좋겠어요.

A: 필요하실 때마다 조언을 해드릴게요.

A: 나 매운 게 먹고 싶어.

B: 그럼 타이 음식 어때? 난 요즘 매운 음식을 못 먹었어.

A: 그거 좋아. 난 오늘처럼 스트레스 받으면 매운 음식이 끌려.

Day 10 영어 대화 연습

A: 땀을 흘리면서 스트레칭을 해야 해.

B: 가만히 앉아있어야 할 것 같은데.

A: 난 아니라고 생각해. 땀을 흘리면서 운동을 해야지.

A: 나 승진했어요.

B: 그럼 월급 오르겠네요?

A: 모르겠어요. 내일 상사한테 내 월급을 올려달라고 말해야 할 것 같아요.

Day 11 영어 대화 연습

A: I've been looking for a pet.
B: Oh, I've been looking for a puppy, too.
A: Puppies are nice. But I've been looking for a kitten.

A: 반려동물을 하나 찾고 있었어.
B: 아, 나도 강아지를 한 마리 알아보고 있었거든.
A: 강아지도 좋지. 근데 나는 고양이를 알아보고 있었어.

A: I want a real meal.
B: Oh, I wish I could have some meat.
A: Then I can make you some bulgogi.

A: 제대로 된 식사를 해야겠어.
B: 오, 난 고기를 좀 먹었으면 좋겠어.
A: 그럼 내가 불고기 해줄게.

우리말을 영어로 바꿔 말해보세요

A: 반려동물을 하나 찾고 있었어.

B: 아, 나도 강아지를 한 마리 알아보고 있었거든.

A: 강아지도 좋지. 근데 나는 고양이를 알아보고 있었어.

A: 제대로 된 식사를 해야겠어.

B: 오, 난 고기를 좀 먹었으면 좋겠어.

A: 그럼 내가 불고기 해줄게.

Day 12에 보는 누적체크

우리말을 영어로 바꿔 말해보세요

Day 11 영어 대화 연습

A: 반려동물을 하나 찾고 있었어.

B: 아, 나도 강아지를 한 마리 알아보고 있었거든.

A: 강아지도 좋지. 근데 나는 고양이를 알아보고 있었어.

A: 제대로 된 식사를 해야겠어.

B: 오, 난 고기를 좀 먹었으면 좋겠어.

A: 그럼 내가 불고기 해줄게.

Day 12 영어 대화 연습

A: Thank you so much.
B: That's what friends are for. You would have done the same for me.
A: But that's easier said than done.

A: 정말 고맙다.
B: 친구 좋다는 게 뭐냐. 너라도 나한테 그렇게 해줬을 거야.
A: 하지만 실천하기보다 말이 쉽지.

A: All I have to do is stay inside. I can't stand the heat.
B: I hate summer, too. How about going to a library?
A: That would be nice. It's a great air conditioned escape from the sweltering summer heat.

A: 나는 그냥 실내에만 있어야겠어. 더위를 못 견디겠어.
B: 나도 여름이 너무 싫어. 도서관에 가는 건 어때?
A: 그것 좋겠네. 그곳은 에어컨이 나와 찌는 무더위를 피하는 훌륭한 도피처야.

우리말을 영어로 바꿔 말해보세요

A: 정말 고맙다.
B: 친구 좋다는 게 뭐냐. 너라도 나한테 그렇게 해줬을 거야.
A: 하지만 실천하기보다 말이 쉽지.

A: 나는 그냥 실내에만 있어야겠어. 더위를 못 견디겠어.
B: 나도 여름이 너무 싫어. 도서관에 가는 건 어때?
A: 그것 좋겠네. 그곳은 에어컨이 나와 찌는 무더위를 피하는 훌륭한 도피처야.

Day 13에 보는 누적체크

우리말을 영어로 바꿔 말해보세요

Day 11 영어 대화 연습

A: 반려동물을 하나 찾고 있었어.

B: 아, 나도 강아지를 한 마리 알아보고 있었거든.

A: 강아지도 좋지. 근데 나는 고양이를 알아보고 있었어.

A: 제대로 된 식사를 해야겠어.

B: 오, 난 고기를 좀 먹었으면 좋겠어.

A: 그럼 내가 불고기 해줄게.

Day 12 영어 대화 연습

A: 정말 고맙다.

B: 친구 좋다는 게 뭐냐. 너라도 나한테 그렇게 해줬을 거야.

A: 하지만 실천하기보다 말이 쉽지.

A: 나는 그냥 실내에만 있어야겠어. 더위를 못 견디겠어.

B: 나도 여름이 너무 싫어. 도서관에 가는 건 어때?

A: 그것 좋겠네. 그곳은 에어컨이 나와 찌는 무더위를 피하는 훌륭한 도피처야.

Day 13 영어 대화 연습

A: There's something different with the one you have.
B: Is there a problem with mine?
A: No. You will get a lot of attention with it.

A: 네가 갖고 있는 건 뭔가 달라.
B: 내 것에 뭐 문제가 있어?
A: 아니. 그건 많은 관심을 끌 거야.

A: What is your favorite exercise when you work out?
B: I like to do bench presses.
A: What muscles are you going to work out today?

A: 운동할 때 즐겨 하는 종목이 뭐니?
B: 난 벤치 프레스 하는 걸 좋아해.
A: 오늘은 어떤 근육 운동을 하려고 하니?

우리말을 영어로 바꿔 말해보세요

A: 네가 갖고 있는 건 뭔가 달라.

B: 내 것에 뭐 문제가 있어?

A: 아니. 그건 많은 관심을 끌 거야.

A: 운동할 때 즐겨 하는 종목이 뭐니?

B: 난 벤치 프레스 하는 걸 좋아해.

A: 오늘은 어떤 근육 운동을 하려고 하니?

Day 14에 보는 누적체크

우리말을 영어로 바꿔 말해보세요

Day 11 영어 대화 연습

A: 반려동물을 하나 찾고 있었어.

B: 아, 나도 강아지를 한 마리 알아보고 있었거든.

A: 강아지도 좋지. 근데 나는 고양이를 알아보고 있었어.

A: 제대로 된 식사를 해야겠어.

B: 오, 난 고기를 좀 먹었으면 좋겠어.

A: 그럼 내가 불고기 해줄게.

Day 12 영어 대화 연습

A: 정말 고맙다.

B: 친구 좋다는 게 뭐냐. 너라도 나한테 그렇게 해줬을 거야.

A: 하지만 실천하기보다 말이 쉽지.

A: 나는 그냥 실내에만 있어야겠어. 더위를 못 견디겠어.

B: 나도 여름이 너무 싫어. 도서관에 가는 건 어때?

A: 그것 좋겠네. 그곳은 에어컨이 나와 찌는 무더위를 피하는 홀륭한 도피처야.

Day 13 영어 대화 연습

A: 네가 갖고 있는 건 뭔가 달라.

B: 내 것에 뭐 문제가 있어?

A: 아니. 그건 많은 관심을 끌 거야.

A: 운동할 때 즐겨 하는 종목이 뭐니?

B: 난 벤치 프레스 하는 걸 좋아해.

A: 오늘은 어떤 근육 운동을 하려고 하니?

Day 14 영어 대화 연습

A: Batteries are also included.
B: Are there instructions in the box?
A: Of course. Emergency phone numbers are also included, just in case.

A: 건전지도 들어 있어.
B: 지시문도 상자에 들어 있어?
A: 물론이지. 만일의 경우를 대비해 긴급 전화번호도 다 들어 있고.

A: Why do you work out at that gym?
B: Because they have lots of good machines. Plus, it's right next to my house.
A: Great! How much does it cost to work out there?

A: 왜 저 체육관에서 운동하니?
B: 좋은 기계들이 많거든. 게다가 우리집 바로 옆에 있거든.
A: 좋네! 그곳에서 운동하는 데 얼마나 드니?

우리말을 영어로 바꿔 말해보세요

A: 건전지도 들어 있어.
B: 지시문도 상자에 들어 있어?
A: 물론이지. 만일의 경우를 대비해 긴급 전화 번호도 다 들어 있고.

A: 왜 저 체육관에서 운동하니?
B: 좋은 기계들이 많거든. 게다가 우리집 바로 옆에 있거든.
A: 좋네! 그곳에서 운동하는 데 얼마나 드니?

Day 15에 보는 누적체크

우리말을 영어로 바꿔 말해보세요

Day 11 영어 대화 연습

A: 반려동물을 하나 찾고 있었어.

B: 아, 나도 강아지를 한 마리 알아보고 있었거든.

A: 강아지도 좋지. 근데 나는 고양이를 알아보고 있었어.

A: 제대로 된 식사를 해야겠어.

B: 오, 난 고기를 좀 먹었으면 좋겠어.

A: 그럼 내가 불고기 해줄게.

Day 12 영어 대화 연습

A: 정말 고맙다.

B: 친구 좋다는 게 뭐냐. 너라도 나한테 그렇게 해줬을 거야.

A: 하지만 실천하기보다 말이 쉽지.

A: 나는 그냥 실내에만 있어야겠어. 더위를 못 견디겠어.

B: 나도 여름이 너무 싫어. 도서관에 가는 건 어때?

A: 그것 좋겠네. 그곳은 에어컨이 나와 찌는 무더위를 피하는 훌륭한 도피처야.

Day 13 영어 대화 연습

A: 네가 갖고 있는 건 뭔가 달라.
B: 내 것에 뭐 문제가 있어?
A: 아니. 그건 많은 관심을 끌 거야.

A: 운동할 때 즐겨 하는 종목이 뭐니?
B: 난 벤치 프레스 하는 걸 좋아해.
A: 오늘은 어떤 근육 운동을 하려고 하니?

Day 14 영어 대화 연습

A: 건전지도 들어 있어.
B: 지시문도 상자에 들어 있어?
A: 물론이지. 만일의 경우를 대비해 긴급 전화번호도 다 들어 있고.

A: 왜 저 체육관에서 운동하니?
B: 좋은 기계들이 많거든. 게다가 우리집 바로 옆에 있거든.
A: 좋네! 그곳에서 운동하는 데 얼마나 드니?

Day 15 영어 대화 연습

A: The stomping sounds really annoying me.
B: I don't know. I don't care about the stomping sounds.
A: Maybe you should go see a musical with lots of stomping sounds!

A: 저 쿵쾅거리는 소리 정말 짜증난다.
B: 난 괜찮은데. 난 쿵쾅거리는 소리 상관없어.
A: 넌 아무래도 쿵쾅거리는 소리가 많이 들리는 뮤지컬을 보러 가야겠구나!

A: I read that another politician got busted for taking bribes.
B: Another one? It sure seems that a lot of politicians are crooked.
A: I guess you're right, but some of them must really care about the people.

A: 정치인이 또 한 명 뇌물수뢰 혐의로 구속되었대.
B: 또? 정치인이란 정치인은 다 썩은 것 같아.
A: 네 말도 맞지만, 일부 정치인은 진정으로 국민들을 생각해.

우리말을 영어로 바꿔 말해보세요

A: 저 쿵쾅거리는 소리 정말 짜증난다.
B: 난 괜찮은데. 난 쿵쾅거리는 소리 상관없어.
A: 넌 아무래도 쿵쾅거리는 소리가 많이 들리는 뮤지컬을 보러 가야겠구나!

A: 정치인이 또 한 명 뇌물수뢰 혐의로 구속되었대.
B: 또? 정치인이란 정치인은 다 썩은 것 같아.
A: 네 말도 맞지만, 일부 정치인은 진정으로 국민들을 생각해.

우리말을 영어로 바꿔 말해보세요

Day 11 영어 대화 연습

A: 반려동물을 하나 찾고 있었어.
B: 아, 나도 강아지를 한 마리 알아보고 있었거든.
A: 강아지도 좋지. 근데 나는 고양이를 알아보고 있었어.

A: 제대로 된 식사를 해야겠어.
B: 오, 난 고기를 좀 먹었으면 좋겠어.
A: 그럼 내가 불고기 해줄게.

Day 12 영어 대화 연습

A: 정말 고맙다.
B: 친구 좋다는 게 뭐냐. 너라도 나한테 그렇게 해줬을 거야.
A: 하지만 실천하기보다 말이 쉽지.

A: 나는 그냥 실내에만 있어야겠어. 더위를 못 견디겠어.
B: 나도 여름이 너무 싫어. 도서관에 가는 건 어때?
A: 그것 좋겠네. 그곳은 에어컨이 나와 찌는 무더위를 피하는 홀륭한 도피처야.

Day 13 영어 대화 연습

A: 네가 갖고 있는 건 뭔가 달라.
B: 내 것에 뭐 문제가 있어?
A: 아니. 그건 많은 관심을 끌 거야.

A: 운동할 때 즐겨 하는 종목이 뭐니?
B: 난 벤치 프레스 하는 걸 좋아해.
A: 오늘은 어떤 근육 운동을 하려고 하니?

Day 14 영어 대화 연습
A: 건전지도 들어 있어.
B: 지시문도 상자에 들어 있어?
A: 물론이지. 만일의 경우를 대비해 긴급 전화번호도 다 들어 있고.

A: 왜 저 체육관에서 운동하니?
B: 좋은 기계들이 많거든. 게다가 우리집 바로 옆에 있거든.
A: 좋네! 그곳에서 운동하는 데 얼마나 드니?

Day 15 영어 대화 연습
A: 저 쿵쾅거리는 소리 정말 짜증난다.
B: 난 괜찮은데. 난 쿵쾅거리는 소리 상관없어.
A: 넌 아무래도 쿵쾅거리는 소리가 많이 들리는 뮤지컬을 보러 가야겠구나!

A: 정치인이 또 한 명 뇌물수뢰 혐의로 구속되었대.
B: 또? 정치인이란 정치인은 다 썩은 것 같아.
A: 네 말도 맞지만, 일부 정치인은 진정으로 국민들을 생각해.

Day 16 영어 대화 연습

A: The time is already been checked.
B: You has already checked the date?
A: Yes. And the location has decided, too.

A: 시간은 이미 확인이 되었어.
B: 날짜도 벌써 확인했니?
A: 응. 그리고 장소도 이미 결정했어.

A: Are you involved with politics?
B: Not really. I hardly even vote.
A: You think most of politicians are doing a terrible job, right?

A: 정치에 참여하세요?
B: 그렇지 않아요. 투표도 거의 하지 않아요.
A: 대부분의 정치인들이 일을 제대로 하지 않고 있다고 생각하는 군요.

우리말을 영어로 바꿔 말해보세요

A: 시간은 이미 확인이 되었어.
B: 날짜도 벌써 확인했니?
A: 응. 그리고 장소도 이미 결정했어.

A: 정치에 참여하세요?
B: 그렇지 않아요. 투표도 거의 하지 않아요.
A: 대부분의 정치인들이 일을 제대로 하지 않고 있다고 생각하는군요.

Day 17에 보는 누적체크

우리말을 영어로 바꿔 말해보세요

Day 16 영어 대화 연습

A: 시간은 이미 확인이 되었어.

B: 날짜도 벌써 확인했니?

A: 응. 그리고 장소도 이미 결정했어.

A: 정치에 참여하세요?

B: 그렇지 않아요. 투표도 거의 하지 않아요.

A: 대부분의 정치인들이 일을 제대로 하지 않고 있다고 생각하는 군요.

Day 17 영어 대화 연습

A: There's noyone in the restaurant.
B: Well, I can't see any reason why we should go in.
A: I can't see any hope for them.

A: 식당에 아무도 없네.
B: 음, 우리가 여기 들어갈 이유가 없어 보이는데.
A: 기대할 게 없네.

A: Have you checked out the bestsellers over there?
B: Why no, I haven't. Let me look at these magazines, first, and then I'll be over.
A: They have all the latest books, and you'll love them.

A: 저쪽에 있는 베스트셀러를 확인해 봤니?
B: 왜, 아니. 우선 이 잡지를 먼저 보고 나서 가 봐야겠다.
A: 모두들 신간들인데 네가 좋아할 거야.

우리말을 영어로 바꿔 말해보세요

A: 식당에 아무도 없네.
B: 음, 우리가 여기 들어갈 이유가 없어 보이
는데.
A: 기대할 게 없네.

A: 저쪽에 있는 베스트셀러를 확인해 봤니?
B: 왜, 아니. 우선 이 잡지를 먼저 보고 나서
가 봐야겠다.
A: 모두들 신간들인데 네가 좋아할 거야.

Day 18에 보는 누적체크

우리말을 영어로 바꿔 말해보세요

Day 16 영어 대화 연습

A: 시간은 이미 확인이 되었어.

B: 날짜도 벌써 확인했니?

A: 응. 그리고 장소도 이미 결정했어.

A: 정치에 참여하세요?

B: 그렇지 않아요. 투표도 거의 하지 않아요.

A: 대부분의 정치인들이 일을 제대로 하지 않고 있다고 생각하는 군요.

Day 17 영어 대화 연습

A: 식당에 아무도 없네.

B: 음, 우리가 여기 들어갈 이유가 없어 보이는데.

A: 기대할 게 없네.

A: 저쪽에 있는 베스트셀러를 확인해 봤니?

B: 왜, 아니. 우선 이 잡지를 먼저 보고 나서 가 봐야겠다.

A: 모두들 신간들인데 네가 좋아할 거야.

Day 18 영어 대화 연습

A: I sometimes identify with the hero in the movie.

B: Really? Me, too. I identify with the romantic guys in the movie.

A: Yeah, you've always been such a romantic.

A: 난 가끔은 영화 속에 나오는 주인공이 된 것 같아.(동일시해.)
B: 정말? 나도 그런데. 난 영화에 나오는 로맨틱한 남자에 동화되곤 해.
A: 그래, 넌 언제나 로맨틱한 사람이었지.

A: Did you see the headlines in today's paper? There's a really interesting article.

B: No, I haven't had a chance to look at it yet. Can I borrow it after you finish reading it?

A: No problem. Just give me a few minutes.

A: 너 오늘 신문 헤드라인 봤니? 정말 흥미 있는 기사가 하나 있었어.
B: 아니, 아직 볼 기회가 없어서. 너 다 읽고 나면 빌려도 될까?
A: 물론이지. 몇 분만 기다려.

우리말을 영어로 바꿔 말해보세요

A: 난 가끔은 영화 속에 나오는 주인공이 된 것 같아. (동일시해.)

B: 정말? 나도 그런데. 난 영화에 나오는 로맨틱한 남자에 동화되곤 해.

A: 그래, 넌 언제나 로맨틱한 사람이었지.

A: 너 오늘 신문 헤드라인 봤니? 정말 흥미 있는 기사가 하나 있었어.

B: 아니, 아직 볼 기회가 없어서. 너 다 읽고 나면 빌려도 될까?

A: 물론이지. 몇 분만 기다려.

Day 19에 보는 누적체크

우리말을 영어로 바꿔 말해보세요

Day 16 영어 대화 연습

A: 시간은 이미 확인이 되었어.
B: 날짜도 벌써 확인했니?
A: 응. 그리고 장소도 이미 결정했어.

A: 정치에 참여하세요?
B: 그렇지 않아요. 투표도 거의 하지 않아요.
A: 대부분의 정치인들이 일을 제대로 하지 않고 있다고 생각하는 군요.

Day 17 영어 대화 연습

A: 식당에 아무도 없네.
B: 음, 우리가 여기 들어갈 이유가 없어 보이는데.
A: 기대할 게 없네.

A: 저쪽에 있는 베스트셀러를 확인해 봤니?
B: 왜, 아니. 우선 이 잡지를 먼저 보고 나서 가 봐야겠다.
A: 모두들 신간들인데 네가 좋아할 거야.

Day 18 영어 대화 연습

A: 난 가끔은 영화 속에 나오는 주인공이 된 것 같아. (동일시 해.)
B: 정말? 나도 그런데. 난 영화에 나오는 로맨틱한 남자에 동화되곤 해.
A: 그래, 넌 언제나 로맨틱한 사람이었지.

A: 너 오늘 신문 헤드라인 봤니? 정말 흥미 있는 기사가 하나 있었어.
B: 아니, 아직 볼 기회가 없어서. 너 다 읽고 나면 빌려도 될까?
A: 물론이지. 몇 분만 기다려.

Day 19 영어 대화 연습

A: I'm thinking about working in the IT industry.

B: Cool. I'm thinking about working in a hotel.

A: Great. Then I can introduce you to my father.

A: 난 IT업계에서 일을 할까 생각중이야.

B: 멋지다. 난 호텔에서 일할까 하는데.

A: 잘됐다. 그럼 널 우리 아빠한테 소개시켜줄 수 있어.

A: What did you think about the article in the magazine.

B: I found it to be very informative. The article gave me a lot of new tips about gardening.

A: I'm going to put them into use as soon as I can.

A: 그 잡지에 난 기사 어떻게 생각해?

B: 굉장히 유익한 정보가 많은 것 같아. 그 기사를 보고 원예에 관해 많은 정보를 얻었어.

A: 맞아. 나도 될수록 빨리 그것들을 활용해 볼 생각이야.

우리말을 영어로 바꿔 말해보세요

A: 난 IT업계에서 일을 할까 생각중이야.

B: 멋지다. 난 호텔에서 일할까 하는데.

A: 잘됐다. 그럼 널 우리 아빠한테 소개시켜줄 수 있어.

A: 그 잡지에 난 기사 어떻게 생각해?

B: 굉장히 유익한 정보가 많은 것 같아. 그 기사를 보고 원예에 관해 많은 정보를 얻었어.

A: 맞아. 나도 될수록 빨리 그것들을 활용해 볼 생각이야.

Day 20에 보는 누적체크
우리말을 영어로 바꿔 말해보세요

Day 16 영어 대화 연습

A: 시간은 이미 확인이 되었어.
B: 날짜도 벌써 확인했니?
A: 응. 그리고 장소도 이미 결정했어.

A: 정치에 참여하세요?
B: 그렇지 않아요. 투표도 거의 하지 않아요.
A: 대부분의 정치인들이 일을 제대로 하지 않고 있다고 생각하는
군요.

Day 17 영어 대화 연습

A: 식당에 아무도 없네.
B: 음, 우리가 여기 들어갈 이유가 없어 보이는데.
A: 기대할 게 없네.

A: 저쪽에 있는 베스트셀러를 확인해 봤니?
B: 왜, 아니. 우선 이 잡지를 먼저 보고 나서 가 봐야겠다.
A: 모두들 신간들인데 네가 좋아할 거야.

Day 18 영어 대화 연습

A: 난 가끔은 영화 속에 나오는 주인공이 된 것 같아. (동일시 해.)
B: 정말? 나도 그런데. 난 영화에 나오는 로맨틱한 남자에 동화되곤 해.
A: 그래, 넌 언제나 로맨틱한 사람이었지.

A: 너 오늘 신문 헤드라인 봤니? 정말 흥미 있는 기사가 하나 있었어.
B: 아니, 아직 볼 기회가 없어서. 너 다 읽고 나면 빌려도 될까?
A: 물론이지. 몇 분만 기다려.

Day 19 영어 대화 연습

A: 난 IT업계에서 일을 할까 생각중이야.
B: 멋지다. 난 호텔에서 일할까 하는데.

A: 그 잡지에 난 기사 어떻게 생각해?
B: 굉장히 유익한 정보가 많은 것 같아. 그 기사를 보고 원예에 관해 많은 정보를 얻었어.
A: 맞아. 나도 될수록 빨리 그것들을 활용해 볼 생각이야.

Day 20 영어 대화 연습

A: I'm not so hot about the new restaurant.
B: Yeah, it's the prices that are killing
me.
A: I miss our old one.

A: 난 새로 생긴 식당이 별로 마음에 안 들어.
B: 그래, 가격이 너무 비싸.
A: 예전에 있었던 게 그립네.

A: Do you like reading the magazines about
politics?
B: Not particularly. They are a little too
boring for me. I prefer outdoors magazines.
A: Really? The magazines I read are all
about politics.

A: 정치 관련 잡지 읽는 거 좋아하니?
B: 별로. 나한텐 좀 지루하게 느껴져. 그보다는 야외생활에 관한
잡지가 더 좋아.
A: 정말? 난 정치에 관한 잡지만 읽어.

우리말을 영어로 바꿔 말해보세요

A: 난 새로 생긴 식당이 별로 마음에 안 들어.
B: 그래, 가격이 너무 비싸.
A: 예전에 있었던 게 그립네.

A: 정치 관련 잡지 읽는 거 좋아하니?
B: 별로. 나한텐 좀 지루하게 느껴져. 그보다
는 야외생활에 관한 잡지가 더 좋아.
A: 정말? 난 정치에 관한 잡지만 읽어.

Day 21에 보는 누적체크

우리말을 영어로 바꿔 말해보세요

Day 16 영어 대화 연습

A: 시간은 이미 확인이 되었어.

B: 날짜도 벌써 확인했니?

A: 응. 그리고 장소도 이미 결정했어.

A: 정치에 참여하세요?

B: 그렇지 않아요. 투표도 거의 하지 않아요.

A: 대부분의 정치인들이 일을 제대로 하지 않고 있다고 생각하는 군요.

Day 17 영어 대화 연습

A: 식당에 아무도 없네.

B: 음, 우리가 여기 들어갈 이유가 없어 보이는데.

A: 기대할 게 없네.

A: 저쪽에 있는 베스트셀러를 확인해 봤니?

B: 왜, 아니. 우선 이 잡지를 먼저 보고 나서 가 봐야겠다.

A: 모두들 신간들인데 네가 좋아할 거야.

Day 18 영어 대화 연습

A: 난 가끔은 영화 속에 나오는 주인공이 된 것 같아. (동일시해.)

B: 정말? 나도 그런데. 난 영화에 나오는 로맨틱한 남자에 동화되곤 해.

A: 그래, 넌 언제나 로맨틱한 사람이었지.

A: 너 오늘 신문 헤드라인 봤니? 정말 흥미 있는 기사가 하나 있었어.

B: 아니, 아직 볼 기회가 없어서. 너 다 읽고 나면 빌려도 될까?

A: 물론이지. 몇 분만 기다려.

Day 19 영어 대화 연습

A: 난 IT업계에서 일을 할까 생각중이야.

B: 멋지다. 난 호텔에서 일할까 하는데.

A: 그 잡지에 난 기사 어떻게 생각해?

B: 굉장히 유익한 정보가 많은 것 같아. 그 기사를 보고 원예에 관해 많은 정보를 얻었어.

A: 맞아. 나도 될수록 빨리 그것들을 활용해 볼 생각이야.

Day 20 영어 대화 연습

A: 난 새로 생긴 식당이 별로 마음에 안 들어.

B: 그래, 가격이 너무 비싸.

A: 예전에 있었던 게 그립네.

A: 정치 관련 잡지 읽는 거 좋아하니?

B: 별로. 나한텐 좀 지루하게 느껴져. 그보다는 야외생활에 관한 잡지가 더 좋아.

A: 정말? 난 정치에 관한 잡지만 읽어.

Day 21 영어 대화 연습

A: The kids ate too much chocolate.
B: Too much sugar is not a good thing.
A: We need to find an alternative to chocolate.

A: 아이들이 초콜릿을 너무 많이 먹었네.
B: 설탕을 너무 많이 먹는 건 안 좋은데.
A: 초콜릿 대신에 먹을 수 있는 걸 찾아야겠어.

A: About how much do you usually spend each day?
B: Just about 100,000 won.
A: What? Did you win the lottery or something?

A: 넌 돈을 하루에 보통 얼마나 써?
B: 십만 원 정도.
A: 뭐라고? 복권에라도 당첨된 거야?

우리말을 영어로 바꿔 말해보세요

A: 아이들이 초콜릿을 너무 많이 먹었네.
B: 설탕을 너무 많이 먹는 건 안 좋은데.
A: 초콜릿 대신에 먹을 수 있는 걸 찾아야겠어.

A: 넌 돈을 하루에 보통 얼마나 써?
B: 십만 원 정도.
A: 뭐라고? 복권에라도 당첨된 거야?

Day 22에 보는 누적체크

우리말을 영어로 바꿔 말해보세요

Day 21 영어 대화 연습

A: 아이들이 초콜릿을 너무 많이 먹었네.

B: 설탕을 너무 많이 먹는 건 안 좋은데.

A: 초콜릿 대신에 먹을 수 있는 걸 찾아야겠어.

A: 넌 돈을 하루에 보통 얼마나 써?

B: 십만 원 정도.

A: 뭐라고? 복권에라도 당첨된 거야?

Day 22 영어 대화 연습

A: Are you upset at me for what I said yesterday?
B: Come on. I'm just feeling down today.
A: All right. Let's go grab a bite.

A: 너 어제 내가 한 말 때문에 나한테 화났어?
B: 무슨 소리야. 그냥 오늘 기분이 안 좋아서 그래.
A: 알았어. 우리 뭐 좀 먹으러 가자.

A: Do you invest in the stock market?
B: Off and on. Do you?
A: I invest the money left over into stocks, but I've never made money in the stock market.

A: 주식에 돈 투자하니?
B: 하다 말다 했어. 넌?
A: 잉여 자금을 주식에 투자하는데, 주식으로 돈 벌어 본 적 한 번도 없어.

우리말을 영어로 바꿔 말해보세요

A: 너 어제 내가 한 말 때문에 나한테 화났어?
B: 무슨 소리야. 그냥 오늘 기분이 안 좋아서 그래.
A: 알았어. 우리 뭐 좀 먹으러 가자.

A: 주식에 돈 투자하니?
B: 하다 말다 했어. 넌?
A: 잉여 자금을 주식에 투자하는데, 주식으로 돈 벌어 본 적 한 번도 없어.

Day 23에 보는 누적체크

우리말을 영어로 바꿔 말해보세요

Day 21 영어 대화 연습

A: 아이들이 초콜릿을 너무 많이 먹었네.
B: 설탕을 너무 많이 먹는 건 안 좋은데.
A: 초콜릿 대신에 먹을 수 있는 걸 찾아야겠어.

A: 넌 돈을 하루에 보통 얼마나 써?
B: 십만 원 정도.
A: 뭐라고? 복권에라도 당첨된 거야?

Day 22 영어 대화 연습

A: 너 어제 내가 한 말 때문에 나한테 화났어?
B: 무슨 소리야. 그냥 오늘 기분이 안 좋아서 그래.
A: 알았어. 우리 뭐 좀 먹으러 가자.

A: 주식에 돈 투자하니?
B: 하다 말다 했어. 넌?
A: 잉여 자금을 주식에 투자하는데, 주식으로 돈 벌어 본 적 한 번도 없어.

Day 23 영어 대화 연습

A: Can I get a sandwich for you?
B: I'm okay. I'm not hungry.
A: That's funny! You're always hungry and you stock up on some snacks all the time.

A: 샌드위치 하나 사다 줄까?
B: 난 됐어. 배 안 고파.
A: 그거 참 재밌네! 넌 항상 배고파서 늘 간식거리를 사서 쟁여놓잖아.

A: How would you like your eggs? Sunnyside up, over medium, scrambled?
B: Over easy, please. I'll make the toast.
A: Then, I just need to make some salad.

A: 당신 달걀 어떻게 해줄까? 한쪽만 익혀 줄까, 아니면 뒤집어서 양쪽 다 익힐까, 스크램블로 할까?
B: 양쪽 다 익혀 줘. 난 토스트 만들게.
A: 그럼 난 샐러드만 만들면 돼.

우리말을 영어로 바꿔 말해보세요

A: 샌드위치 하나 사다 줄까?

B: 난 됐어. 배 안 고파.

A: 그거 참 재밌네! 넌 항상 배고파서 늘 간식 거리를 사서 쟁여놓잖아.

A: 당신 달걀 어떻게 해줄까? 한쪽만 익혀 줄 까, 아니면 뒤집어서   양쪽 다 익힐까, 스 크램블로 할까?

B: 양쪽 다 익혀 줘. 난 토스트 만들게.

A: 그럼 난 샐러드만 만들면 돼.

Day 24에 보는 누적체크
우리말을 영어로 바꿔 말해보세요

Day 21 영어 대화 연습

A: 아이들이 초콜릿을 너무 많이 먹었네.

B: 설탕을 너무 많이 먹는 건 안 좋은데.

A: 초콜릿 대신에 먹을 수 있는 걸 찾아야겠어.

A: 넌 돈을 하루에 보통 얼마나 써?

B: 십만 원 정도.

A: 뭐라고? 복권에라도 당첨된 거야?

Day 22 영어 대화 연습

A: 너 어제 내가 한 말 때문에 나한테 화났어?

B: 무슨 소리야. 그냥 오늘 기분이 안 좋아서 그래.

A: 알았어. 우리 뭐 좀 먹으러 가자.

A: 주식에 돈 투자하니?

B: 하다 말다 했어. 넌?

A: 잉여 자금을 주식에 투자하는데, 주식으로 돈 벌어 본 적 한 번도 없어.

Day 23 영어 대화 연습

A: 샌드위치 하나 사다 줄까?

B: 난 됐어. 배 안 고파.

A: 그거 참 재밌네! 넌 항상 배고파서 늘 간식거리를 사서 쟁여놓잖아.

A: 당신 달걀 어떻게 해줄까? 한쪽만 익혀 줄까, 아니면 뒤집어서 양쪽 다 익힐까, 스크램블로 할까?

B: 양쪽 다 익혀 줘. 난 토스트 만들게.

A: 그럼 난 샐러드만 만들면 돼.

Day 24 영어 대화 연습

A: I hurt my ankle during the game.
B: That's terrible. I hurt my wrist last game.
A: What happened? Oh, did you hurt your wrist while catching a ball?

A: 나 경기하다가 발목을 다쳤어.
B: 그거 안됐네. 난 지난 번 경기에서 손목을 다쳤어.
A: 어쩌다 그랬어? 아, 공을 잡다가 손목을 다친 거니?

A: Can you taste the soup for me? I think it's a bit bland.
B: Okay. Hmmm... You're right. It's too bland.
A: Okay. I'll add some more salt.

A: 수프 맛 좀 봐 줄래? 나는 좀 싱거운 것 같은데.
B: 알았어. 음... 맞아. 너무 싱거워.
A: 알았어. 소금을 좀 더 넣을게.

우리말을 영어로 바꿔 말해보세요

A: 나 경기하다가 발목을 다쳤어.

B: 그거 안됐네. 난 지난 번 경기에서 손목을 다쳤어.

A: 어쩌다 그랬어? 아, 공을 잡다가 손목을 다친 거니?

A: 수프 맛 좀 봐 줄래? 나는 좀 싱거운 것 같은데.

B: 알았어. 음... 맞아. 너무 싱거워.

A: 알았어. 소금을 좀 더 넣을게.

Day 25에 보는 누적체크

우리말을 영어로 바꿔 말해보세요

Day 21 영어 대화 연습

A: 아이들이 초콜릿을 너무 많이 먹었네.

B: 설탕을 너무 많이 먹는 건 안 좋은데.

A: 초콜릿 대신에 먹을 수 있는 걸 찾아야겠어.

A: 넌 돈을 하루에 보통 얼마나 써?

B: 십만 원 정도.

A: 뭐라고? 복권에라도 당첨된 거야?

Day 22 영어 대화 연습

A: 너 어제 내가 한 말 때문에 나한테 화났어?

B: 무슨 소리야. 그냥 오늘 기분이 안 좋아서 그래.

A: 알았어. 우리 뭐 좀 먹으러 가자.

A: 주식에 돈 투자하니?

B: 하다 말다 했어. 넌?

A: 잉여 자금을 주식에 투자하는데, 주식으로 돈 벌어 본 적 한 번도 없어.

Day 23 영어 대화 연습

A: 샌드위치 하나 사다 줄까?

B: 난 됐어. 배 안 고파.

A: 그거 참 재밌네! 넌 항상 배고파서 늘 간식거리를 사서 쟁여놓잖아.

A: 당신 달걀 어떻게 해줄까? 한쪽만 익혀 줄까, 아니면 뒤집어서 양쪽 다 익힐까, 스크램블로 할까?

B: 양쪽 다 익혀 줘. 난 토스트 만들게.

A: 그럼 난 샐러드만 만들면 돼.

Day 24 영어 대화 연습

A: 나 경기하다가 발목을 다쳤어.

B: 그거 안됐네. 난 지난 번 경기에서 손목을 다쳤어.

A: 어쩌다 그랬어? 아, 공을 잡다가 손목을 다친 거니?

A: 수프 맛 좀 봐 줄래? 나는 좀 싱거운 것 같은데.

B: 알았어. 음... 맞아. 너무 싱거워.

A: 알았어. 소금을 좀 더 넣을게.

Day 25 영어 대화 연습

A: Let's spend some quiet time here at the park today.

B: Okay. After walking the park, it's also worth a visit to the library.

A: The library is about 200 meters from here.

A: 오늘은 여기 공원에서 좀 조용한 시간을 가져 봅시다.
B: 그래요. 공원을 거닐고 나서, 도서관에 가봐도 좋죠.
A: 도서관은 여기서 200미터 정도 떨어져 있어요.

A: Should I preheat the oven?

B: Yes, preheat it to 350 degrees. What kind of oil should I use?

A: Well, I've got corn and olive oil. You decide.

A: 오븐을 미리 덥힐까요?
B: 네, 350도가 될 때까지 덥혀 두세요. 어떤 오일을 사용해야 하죠?
A: 옥수수유와 올리브유가 있는데, 알아서 결정하세요.

우리말을 영어로 바꿔 말해보세요

A: 오늘은 여기 공원에서 좀 조용한 시간을 가져 봅시다.

B: 그래요. 공원을 거닐고 나서, 도서관에 가 봐도 좋죠.

A: 도서관은 여기서 200미터 정도 떨어져 있어요.

A: 오븐을 미리 덥힐까요?

B: 네, 350도가 될 때까지 덥혀 두세요. 어떤 오일을 사용해야 하죠?

A: 옥수수유와 올리브유가 있는데, 알아서 결정하세요.

Day 26에 보는 누적체크
우리말을 영어로 바꿔 말해보세요

Day 21 영어 대화 연습
A: 아이들이 초콜릿을 너무 많이 먹었네.
B: 설탕을 너무 많이 먹는 건 안 좋은데.
A: 초콜릿 대신에 먹을 수 있는 걸 찾아야겠어.

A: 넌 돈을 하루에 보통 얼마나 써?
B: 십만 원 정도.
A: 뭐라고? 복권에라도 당첨된 거야?

Day 22 영어 대화 연습
A: 너 어제 내가 한 말 때문에 나한테 화났어?
B: 무슨 소리야. 그냥 오늘 기분이 안 좋아서 그래.
A: 알았어. 우리 뭐 좀 먹으러 가자.

A: 주식에 돈 투자하니?
B: 하다 말다 했어. 넌?
A: 잉여 자금을 주식에 투자하는데, 주식으로 돈 벌어 본 적 한 번도 없어.

Day 23 영어 대화 연습
A: 샌드위치 하나 사다 줄까?
B: 난 됐어. 배 안 고파.
A: 그거 참 재밌네! 넌 항상 배고파서 늘 간식거리를 사서 쟁여놓 잖아.

A: 당신 달걀 어떻게 해줄까? 한쪽만 익혀 줄까, 아니면 뒤집어서 양쪽 다 익힐까, 스크램블로 할까?

B: 양쪽 다 익혀 줘. 난 토스트 만들게.

A: 그럼 난 샐러드만 만들면 돼.

Day 24 영어 대화 연습

A: 나 경기하다가 발목을 다쳤어.

B: 그거 안됐네. 난 지난 번 경기에서 손목을 다쳤어.

A: 어쩌다 그랬어? 아, 공을 잡다가 손목을 다친 거니?

A: 수프 맛 좀 봐 줄래? 나는 좀 싱거운 것 같은데.

B: 알았어. 음... 맞아. 너무 싱거워.

A: 알았어. 소금을 좀 더 넣을게.

Day 25 영어 대화 연습

A: 오늘은 여기 공원에서 좀 조용한 시간을 가져 봅시다.

B: 그래요. 공원을 거닐고 나서, 도서관에 가봐도 좋죠.

A: 도서관은 여기서 200미터 정도 떨어져 있어요.

A: 오븐을 미리 덥힐까요?

B: 네, 350도가 될 때까지 덥혀 두세요. 어떤 오일을 사용해야 하죠?

A: 옥수수유와 올리브유가 있는데, 알아서 결정하세요.

Day 26 영어 대화 연습

A: This museum was designed by Michelangelo, right?
B: Yes. This museum was officially opened as a public park in 1926.
A: Wow, I can see that it's certainly one of the most famous sights in this city.

A: 이 건물을 미켈란젤로가 디자인한 거죠, 맞죠?
B: 네. 이 박물관은 1800년에 공식적으로 열었어요.
A: 와, 정말이지 이 도시에서 제일 유명한 관광지중의 하나라는 걸 알겠네요.

A: Do you play any sports?
B: Yes, I golf and swim. Golfing is expensive, so I only golf once a month.
A: Oh, I took up golf just a few months ago.

A: 운동하는 거 있니?
B: 응, 골프하고 수영. 골프는 비싸서 한 달에 한 번 밖에 못해.
A: 난 골프 시작한지 몇 달 안 됐어.

우리말을 영어로 바꿔 말해보세요

A: 이 건물을 미켈란젤로가 디자인한 거죠, 맞죠?

B: 네. 이 박물관은 1800년에 공식적으로 열었어요.

A: 와, 정말이지 이 도시에서 제일 유명한 관광지중의 하나라는 걸 알겠네요.

A: 운동하는 거 있니?

B: 응, 골프하고 수영. 골프는 비싸서 한 달에 한 번 밖에 못해.

A: 난 골프 시작한지 몇 달 안 됐어.

Day 27에 보는 누적체크

우리말을 영어로 바꿔 말해보세요

Day 26 영어 대화 연습

A: 이 건물을 미켈란젤로가 디자인한 거죠, 맞죠?
B: 네. 이 박물관은 1800년에 공식적으로 열었어요.
A: 와, 정말이지 이 도시에서 제일 유명한 관광지중의 하나라는
걸 알겠네요.

A: 운동하는 거 있니?
B: 응, 골프하고 수영. 골프는 비싸서 한 달에 한 번 밖에 못해.
A: 난 골프 시작한지 몇 달 안 됐어.

Day 27 영어 대화 연습

A: Oh, the battery is dead.

B: When did you get the phone?

A: I think I bought my phone two years ago. My phone battery doesn't last for many hours.

A: 이런, 배터리가 죽었네.
B: 너 전화기 언제 샀지?
A: 2년 전에 산 것 같아. 전화기 배터리가 몇 시간 못 가.

A: What's a sport that you don't like?

B: I can't stand jogging. It's too boring and it's too hard on my knee.

A: I jog just about every day. It's the cheapest exercise.

A: 싫어하는 스포츠가 뭐니?
B: 조깅은 진짜 싫더라. 엄청 지겨운 데다가 무릎에 무리까지 가거든.
A: 난 거의 매일 조깅을 하는데. 가장 싼 운동이지.

우리말을 영어로 바꿔 말해보세요

A: 이런, 밧데리가 죽었네.
B: 너 전화기 언제 샀지?
A: 2년 전에 산 것 같아. 전화기 밧데리가 몇 시간 못 가.

A: 싫어하는 스포츠가 뭐니?
B: 조깅은 진짜 싫더라. 엄청 지겨운 데다가 무릎에 무리까지 가거든.
A: 난 거의 매일 조깅을 하는데. 가장 싼 운동 이지.

Day 28에 보는 누적체크

우리말을 영어로 바꿔 말해보세요

Day 26 영어 대화 연습

A: 이 건물을 미켈란젤로가 디자인한 거죠, 맞죠?

B: 네. 이 박물관은 1800년에 공식적으로 열었어요.

A: 와, 정말이지 이 도시에서 제일 유명한 관광지중의 하나라는 걸 알겠네요.

A: 운동하는 거 있니?

B: 응, 골프하고 수영. 골프는 비싸서 한 달에 한 번 밖에 못해.

A: 난 골프 시작한지 몇 달 안 됐어.

Day 27 영어 대화 연습

A: 이런, 밧데리가 죽었네.
B: 너 전화기 언제 샀지?
A: 2년 전에 산 것 같아. 전화기 밧데리가 몇 시간 못 가.

A: 싫어하는 스포츠가 뭐니?
B: 조깅은 진짜 싫더라. 엄청 지겨운 데다가 무릎에 무리까지 가거든.
A: 난 거의 매일 조깅을 하는데. 가장 싼 운동이지.

Day 28 영어 대화 연습

A: Someone left this bag next to the door.
B: I'm sure they will return, so just leave it.
A: That makes sense. I'll just leave it on the chair then.

A: 누군가가 가방을 문 옆에 뒀어.
B: 분명히 다시 올 거야, 그러니까 그거 놔둬.
A: 그렇겠네. 그럼 의자 위에 둘게.

A: I liked the lyrics of that last song. I am definitely going to buy that CD.
B: Yes, they really told a story.
A: I hear the band is big in Europe.

A: 저 마지막 노래의 가사가 맘에 들어. 저 CD를 반드시 사고 말 거야.
B: 그래, 정말 괜찮은 것 같아.
A: 유럽에서 굉장히 유명한 밴드래.

우리말을 영어로 바꿔 말해보세요

A: 누군가가 가방을 문 옆에 뒀어.
B: 분명히 다시 올 거야, 그러니까 그거 놔둬.
A: 그렇겠네. 그럼 의자 위에 둘게.

A: 저 마지막 노래의 가사가 맘에 들어. 저 CD 를 반드시 사고 말 거야.
B: 그래, 정말 괜찮은 것 같아.
A: 유럽에서 굉장히 유명한 밴드래.

Day 29에 보는 누적체크
우리말을 영어로 바꿔 말해보세요

Day 26 영어 대화 연습
A: 이 건물을 미켈란젤로가 디자인한 거죠, 맞죠?
B: 네. 이 박물관은 1800년에 공식적으로 열었어요.
A: 와, 정말이지 이 도시에서 제일 유명한 관광지중의 하나라는
걸 알겠네요.

A: 운동하는 거 있니?
B: 응, 골프하고 수영. 골프는 비싸서 한 달에 한 번 밖에 못해.
A: 난 골프 시작한지 몇 달 안 됐어.

Day 27 영어 대화 연습
A: 이런, 밧데리가 죽었네.
B: 너 전화기 언제 샀지?
A: 2년 전에 산 것 같아. 전화기 밧데리가 몇 시간 못 가.

A: 싫어하는 스포츠가 뭐니?
B: 조깅은 진짜 싫더라. 엄청 지겨운 데다가 무릎에 무리까지 가
거든.
A: 난 거의 매일 조깅을 하는데. 가장 싼 운동이지.

Day 28 영어 대화 연습

A: 누군가가 가방을 문 옆에 뒀어.

B: 분명히 다시 올 거야, 그러니까 그거 놔둬.

A: 그렇겠네. 그럼 의자 위에 둘게.

A: 저 마지막 노래의 가사가 맘에 들어. 저 CD를 반드시 사고 말 거야.

B: 그래, 정말 괜찮은 것 같아.

A: 유럽에서 굉장히 유명한 밴드래.

Day 29 영어 대화 연습

A: She is successful because of her positive attitude.
B: Right. That sounds like the best way to succeed.
A: It's important to stay positive.

A: 그녀는 긍정적인 태도덕분에 성공했어.
B: 맞아. 그게 제일 좋은 성공 방법인 것 같아.
A: 늘 긍정적인 자세를 취하는 게 중요하지.

A: Do you know where I can get that album?
B: You can get the album over the internet.
A: I like this band because they do live concerts.

A: 어디에서 그 앨범을 구할 수 있는지 아니?
B: 인터넷에서 그 앨범을 구할 수 있어.
A: 이 밴드는 라이브로 콘서트를 해서 좋아.

우리말을 영어로 바꿔 말해보세요

A: 그녀는 긍정적인 태도덕분에 성공했어.
B: 맞아. 그게 제일 좋은 성공 방법인 것 같아.
A: 늘 긍정적인 자세를 취하는 게 중요하지.

A: 어디에서 그 앨범을 구할 수 있는지 아니?
B: 인터넷에서 그 앨범을 구할 수 있어.
A: 이 밴드는 라이브로 콘서트를 해서 좋아.

Day 30에 보는 누적체크

우리말을 영어로 바꿔 말해보세요

Day 26 영어 대화 연습

A: 이 건물을 미켈란젤로가 디자인한 거죠, 맞죠?

B: 네. 이 박물관은 1800년에 공식적으로 열었어요.

A: 와, 정말이지 이 도시에서 제일 유명한 관광지중의 하나라는 걸 알겠네요.

A: 운동하는 거 있니?

B: 응, 골프하고 수영. 골프는 비싸서 한 달에 한 번 밖에 못해.

A: 난 골프 시작한지 몇 달 안 됐어.

Day 27 영어 대화 연습

A: 이런, 밧데리가 죽었네.

B: 너 전화기 언제 샀지?

A: 2년 전에 산 것 같아. 전화기 밧데리가 몇 시간 못 가.

A: 싫어하는 스포츠가 뭐니?

B: 조깅은 진짜 싫더라. 엄청 지겨운 데다가 무릎에 무리까지 가거든.

A: 난 거의 매일 조깅을 하는데. 가장 싼 운동이지.

Day 28 영어 대화 연습

A: 누군가가 가방을 문 옆에 뒀어.

B: 분명히 다시 올 거야, 그러니까 그거 놔둬.

A: 그렇겠네. 그럼 의자 위에 둘게.

A: 저 마지막 노래의 가사가 맘에 들어. 저 CD를 반드시 사고 말 거야.

B: 그래, 정말 괜찮은 것 같아.

A: 유럽에서 굉장히 유명한 밴드래.

Day 29 영어 대화 연습

A: 그녀는 긍정적인 태도덕분에 성공했어.

B: 맞아. 그게 제일 좋은 성공 방법인 것 같아.

A: 늘 긍정적인 자세를 취하는 게 중요하지.

A: 어디에서 그 앨범을 구할 수 있는지 아니?

B: 인터넷에서 그 앨범을 구할 수 있어.

A: 이 밴드는 라이브로 콘서트를 해서 좋아.

Day 30 영어 대화 연습

A: My husband transferred to Seoul recently.

B: I see. You don't know much about Korean life, right?

A: Yes, I've been here before just once on vacation.

A: 제 남편이 최근에 서울로 전근을 왔어요.
B: 그러시군요. 한국 생활에 대해서 잘 모르시겠네요.
A: 네. 여기 휴가로 전에 딱 한번 와봤어요.

A: I just want to get away from the heat.

B: Let's drive to the coast.

A: Sounds good. Let's go somewhere where it's not too crowded.

A: 난 이 더위에서 좀 벗어나고 싶어.
B: 차를 몰고 해안가로 가자.
A: 그거 좋다. 어디 좀 너무 북적거리지 않는 곳으로 가자.

우리말을 영어로 바꿔 말해보세요

A: 제 남편이 최근에 서울로 전근을 왔어요.
B: 그러시군요. 한국 생활에 대해서 잘 모르시겠네요.
A: 네. 여기 휴가로 전에 딱 한번 와봤어요.

A: 난 이 더위에서 좀 벗어나고 싶어.
B: 차를 몰고 해안가로 가자.
A: 그거 좋다. 어디 좀 너무 북적거리지 않는 곳으로 가자.

Day 31에 보는 누적체크
우리말을 영어로 바꿔 말해보세요

Day 26 영어 대화 연습
A: 이 건물을 미켈란젤로가 디자인한 거죠, 맞죠?
B: 네. 이 박물관은 1800년에 공식적으로 열었어요.
A: 와, 정말이지 이 도시에서 제일 유명한 관광지중의 하나라는 걸 알겠네요.

A: 운동하는 거 있니?
B: 응, 골프하고 수영. 골프는 비싸서 한 달에 한 번 밖에 못해.
A: 난 골프 시작한지 몇 달 안 됐어.

Day 27 영어 대화 연습
A: 이런, 밧데리가 죽었네.
B: 너 전화기 언제 샀지?
A: 2년 전에 산 것 같아. 전화기 밧데리가 몇 시간 못 가.

A: 싫어하는 스포츠가 뭐니?
B: 조깅은 진짜 싫더라. 엄청 지겨운 데다가 무릎에 무리까지 가거든.
A: 난 거의 매일 조깅을 하는데. 가장 싼 운동이지.

Day 28 영어 대화 연습
A: 누군가가 가방을 문 옆에 뒀어.
B: 분명히 다시 올 거야, 그러니까 그거 놔둬.
A: 그렇겠네. 그럼 의자 위에 둘게.

A: 저 마지막 노래의 가사가 맘에 들어. 저 CD를 반드시 사고 말 거야.
B: 그래, 정말 괜찮은 것 같아.
A: 유럽에서 굉장히 유명한 밴드래.

Day 29 영어 대화 연습
A: 그녀는 긍정적인 태도덕분에 성공했어.
B: 맞아. 그게 제일 좋은 성공 방법인 것 같아.
A: 늘 긍정적인 자세를 취하는 게 중요하지.

A: 어디에서 그 앨범을 구할 수 있는지 아니?
B: 인터넷에서 그 앨범을 구할 수 있어.
A: 이 밴드는 라이브로 콘서트를 해서 좋아.

Day 30 영어 대화 연습
A: 제 남편이 최근에 서울로 전근을 왔어요.
B: 그러시군요. 한국 생활에 대해서 잘 모르시겠네요.
A: 네. 여기 휴가로 전에 딱 한번 와봤어요.

A: 난 이 더위에서 좀 벗어나고 싶어.
B: 차를 몰고 해안가로 가자.
A: 그거 좋다. 어디 좀 너무 북적거리지 않는 곳으로 가자.

Final 최종 누적체크
우리말을 영어로 바꿔 말해보세요

Day 1 영어 대화 연습
A: 왜 아직도 게임을 하고 있는 거야?
B: 다른 거 좋아할 만한 게 없어.
A: 너는 컴퓨터 없이는 못 사는구나.

A: 난 조용한 곳에서 공부하고 싶어.
B: 이리 와봐! 여기 참 조용한 곳이네.
A: 그래. 난 이렇게 조용한 곳이 좋더라.

Day 2 영어 대화 연습
A: 거실 청소 하라고 내가 안 했니?
B: 불평 좀 그만 하라고. 이제 할 거야.
(잠시 후)
A: 너 왜 아직도 여기 있어?

A: 왜 나한테 네 보고서를 이메일로 보내지 않았니?
B: 지난 금요일에 이메일로 보냈어. 이메일을 다시 확인해볼 수 있니?
A: 너한테 아무것도 안 왔어. 오늘 파일을 보내줘도 돼.

Day 3 영어 대화 연습
A: 언젠가 파리에 가보고 싶지 않아요?
B: 예스러운 건물들 때문에요?
A: 맞아요. 옛날 유럽식 건축물들이 아주 많이 있잖아요.

A: 어제 TV 프로그램 봤어?

B: 어떤 프로그램 말하는 거야?

A: 동물에 대한 프로그램이었어. 그거 알아? 하마는 물속에서 악어처럼 빠르게 움직여.

Day 4 영어 대화 연습

A: 난 언젠가는 혼자 여행을 하고 싶어.

B: 어디를 가고 싶은데?

A: 런던. 런던의 아름다운 사진들을 많이 본 적이 있어.

A: 너 미술에 관심 있니? 이번 주 일요일에 우리 전시회에 가는 건 어떨까?

B: 그림 전시회? 그런데 난 미술에 대해 잘 몰라서 거기서 재미있을 것 같지 않아.

A: 그럼 대신 뮤지컬 어때?

Day 5 영어 대화 연습

A: 선글라스 가져오셨어요?

B: 네, 가져왔어요. 아, 제 노트 보셨어요?

A: 네, 당신이 가방 안에 넣은 것 같은데요.

A: 프레드가 사무실에 안 보이던데.

B: 응, 그는 몸이 안 좋아. 감기에 걸렸어.

A: 이런, 안됐네. 병원에 갔다 왔대?

Day 6 영어 대화 연습

A: 어떻게 살을 뺐어?

B: 난 단 걸 무지 좋아했는데, 단 걸 끊었어.

A: 부럽다. 피자라면, 난 거절을 못하는데.

A: 이번 주 토요일에 뭔가 보람 있는 일 하고 싶지 않니?

B: 그게 뭔지에 따라 다르지.

A: 친구들이랑 테니스를 칠 계획이야. 너도 같이 할래?

Day 7 영어 대화 연습

A: "콰이엇 플레이스" 봤니?

B: 응, 진짜 서스펜스가 넘쳐. 너 감독이 누구인지 알아?

A: 존 크래신스키. 그 감독 영화는 확실히 인기가 많지.

A: 너는 몇 번 먹니?

B: 보통 3번. 아침식사, 점심식사, 저녁식사 이렇게. 아무리 바빠도 건강을 위해 하루에 세 끼를 먹어.

A: 와! 넌 식사를 건너뛰지 않는구나.

Day 8 영어 대화 연습

A: 이제 다음에 알아봐야 할 게 뭐지?

B: 모르겠어. 우리가 이제 해야 할 일이 뭘까?

A: 내 말이 그 말이야. 우리가 다음으로 준비해야 할 게 뭐냐고?

A: 점심 먹으러 가는 나가자.

B: 미안해, 지금은 할 일이 많아. 점심 건너뛸래.

A: 그런데 에너지를 내려면 뭘 좀 먹어야 해. 나가서 뭐 좀 사다 줄까?

Day 9 영어 대화 연습

A: 기꺼이 당신들을 도와줄게요.

B: 저희 팀에 와주시면 좋겠어요.

A: 필요하실 때마다 조언을 해드릴게요.

A: 나 매운 게 먹고 싶어.
B: 그럼 타이 음식 어때? 난 요즘 매운 음식을 못 먹었어.
A: 그거 좋아. 난 오늘처럼 스트레스 받으면 매운 음식이 끌려.

Day 10 영어 대화 연습
A: 땀을 흘리면서 스트레칭을 해야 해.
B: 가만히 앉아있어야 할 것 같은데.
A: 난 아니라고 생각해. 땀을 흘리면서 운동을 해야지.

A: 나 승진했어요.
B: 그럼 월급 오르겠네요?
A: 모르겠어요. 내일 상사한테 내 월급을 올려달라고 말해야 할 것 같아요.

Day 11 영어 대화 연습
A: 반려동물을 하나 찾고 있었어.
B: 아, 나도 강아지를 한 마리 알아보고 있었거든.
A: 강아지도 좋지. 근데 나는 고양이를 알아보고 있었어.

A: 제대로 된 식사를 해야겠어.
B: 오, 난 고기를 좀 먹었으면 좋겠어.
A: 그럼 내가 불고기 해줄게.

Day 12 영어 대화 연습
A: 정말 고맙다.
B: 친구 좋다는 게 뭐냐. 너라도 나한테 그렇게 해줬을 거야.
A: 하지만 실천하기보다 말이 쉽지.

A: 나는 그냥 실내에만 있어야겠어. 더위를 못 견디겠어.

B: 나도 여름이 너무 싫어. 도서관에 가는 건 어때?

A: 그것 좋겠네. 그곳은 에어컨이 나와 찌는 무더위를 피하는 훌륭한 도피처야.

Day 13 영어 대화 연습

A: 네가 갖고 있는 건 뭔가 달라.

B: 내 것에 뭐 문제가 있어?

A: 아니. 그건 많은 관심을 끌 거야.

A: 운동할 때 즐겨 하는 종목이 뭐니?

B: 난 벤치 프레스 하는 걸 좋아해.

A: 오늘은 어떤 근육 운동을 하려고 하니?

Day 14 영어 대화 연습

A: 건전지도 들어 있어.

B: 지시문도 상자에 들어 있어?

A: 물론이지. 만일의 경우를 대비해 긴급 전화번호도 다 들어 있고.

A: 왜 저 체육관에서 운동하니?

B: 좋은 기계들이 많거든. 게다가 우리집 바로 옆에 있거든.

A: 좋네! 그곳에서 운동하는 데 얼마나 드니?

Day 15 영어 대화 연습

A: 저 쿵쾅거리는 소리 정말 짜증난다.

B: 난 괜찮은데. 난 쿵쾅거리는 소리 상관없어.

A: 넌 아무래도 쿵쾅거리는 소리가 많이 들리는 뮤지컬을 보러 가야겠구나!

A: 정치인이 또 한 명 뇌물수뢰 혐의로 구속되었대.

B: 또? 정치인이란 정치인은 다 썩은 것 같아.

A: 네 말도 맞지만, 일부 정치인은 진정으로 국민들을 생각해.

Day 16 영어 대화 연습

A: 시간은 이미 확인이 되었어.

B: 날짜도 벌써 확인했니?

A: 응. 그리고 장소도 이미 결정했어.

A: 정치에 참여하세요?

B: 그렇지 않아요. 투표도 거의 하지 않아요.

A: 대부분의 정치인들이 일을 제대로 하지 않고 있다고 생각하는 군요.

Day 17 영어 대화 연습

A: 식당에 아무도 없네.

B: 음, 우리가 여기 들어갈 이유가 없어 보이는데.

A: 기대할 게 없네.

A: 저쪽에 있는 베스트셀러를 확인해 봤니?

B: 왜, 아니. 우선 이 잡지를 먼저 보고 나서 가 봐야겠다.

A: 모두들 신간들인데 네가 좋아할 거야.

Day 18 영어 대화 연습

A: 난 가끔은 영화 속에 나오는 주인공이 된 것 같아. (동일시 해.)

B: 정말? 나도 그런데. 난 영화에 나오는 로맨틱한 남자에 동화되 곤 해.

A: 그래, 넌 언제나 로맨틱한 사람이었지.

A: 너 오늘 신문 헤드라인 봤니? 정말 흥미 있는 기사가 하나 있었어.

B: 아니, 아직 볼 기회가 없어서. 너 다 읽고 나면 빌려도 될까?

A: 물론이지. 몇 분만 기다려.

Day 19 영어 대화 연습

A: 난 IT업계에서 일을 할까 생각중이야.

B: 멋지다. 난 호텔에서 일할까 하는데.

A: 그 잡지에 난 기사 어떻게 생각해?

B: 굉장히 유익한 정보가 많은 것 같아. 그 기사를 보고 원예에 관해 많은 정보를 얻었어.

A: 맞아. 나도 될수록 빨리 그것들을 활용해 볼 생각이야.

Day 20 영어 대화 연습

A: 난 새로 생긴 식당이 별로 마음에 안 들어.

B: 그래, 가격이 너무 비싸.

A: 예전에 있었던 게 그립네.

A: 정치 관련 잡지 읽는 거 좋아하니?

B: 별로. 나한텐 좀 지루하게 느껴져. 그보다는 야외생활에 관한 잡지가 더 좋아.

A: 정말? 난 정치에 관한 잡지만 읽어.

Day 21 영어 대화 연습

A: 아이들이 초콜릿을 너무 많이 먹었네.
B: 설탕을 너무 많이 먹는 건 안 좋은데.
A: 초콜릿 대신에 먹을 수 있는 걸 찾아야겠어.

A: 넌 돈을 하루에 보통 얼마나 써?
B: 십만 원 정도.
A: 뭐라고? 복권에라도 당첨된 거야?

Day 22 영어 대화 연습

A: 너 어제 내가 한 말 때문에 나한테 화났어?
B: 무슨 소리야. 그냥 오늘 기분이 안 좋아서 그래.
A: 알았어. 우리 뭐 좀 먹으러 가자.

A: 주식에 돈 투자하니?
B: 하다 말다 했어. 넌?
A: 잉여 자금을 주식에 투자하는데, 주식으로 돈 벌어 본 적 한 번도 없어.

Day 23 영어 대화 연습

A: 샌드위치 하나 사다 줄까?
B: 난 됐어. 배 안 고파.
A: 그거 참 재밌네! 넌 항상 배고파서 늘 간식거리를 사서 쟁여놓잖아.

A: 당신 달걀 어떻게 해줄까? 한쪽만 익혀 줄까, 아니면 뒤집어서 양쪽 다 익힐까, 스크램블로 할까?
B: 양쪽 다 익혀 줘. 난 토스트 만들게.
A: 그럼 난 샐러드만 만들면 돼.

Day 24 영어 대화 연습

A: 나 경기하다가 발목을 다쳤어.

B: 그거 안됐네. 난 지난 번 경기에서 손목을 다쳤어.

A: 어쩌다 그랬어? 아, 공을 잡다가 손목을 다친 거니?

A: 수프 맛 좀 봐 줄래? 나는 좀 싱거운 것 같은데.

B: 알았어. 음... 맞아. 너무 싱거워.

A: 알았어. 소금을 좀 더 넣을게.

Day 25 영어 대화 연습

A: 오늘은 여기 공원에서 좀 조용한 시간을 가져 봅시다.

B: 그래요. 공원을 거닐고 나서, 도서관에 가봐도 좋죠.

A: 도서관은 여기서 200미터 정도 떨어져 있어요.

A: 오븐을 미리 덥힐까요?

B: 네, 350도가 될 때까지 덥혀 두세요. 어떤 오일을 사용해야 하죠?

A: 옥수수유와 올리브유가 있는데, 알아서 결정하세요.

Day 26 영어 대화 연습

A: 이 건물을 미켈란젤로가 디자인한 거죠, 맞죠?

B: 네. 이 박물관은 1800년에 공식적으로 열었어요.

A: 와, 정말이지 이 도시에서 제일 유명한 관광지중의 하나라는 걸 알겠네요.

A: 운동하는 거 있니?

B: 응, 골프하고 수영. 골프는 비싸서 한 달에 한 번 밖에 못해.

A: 난 골프 시작한지 몇 달 안 됐어.

Day 27 영어 대화 연습

A: 이런, 밧데리가 죽었네.
B: 너 전화기 언제 샀지?
A: 2년 전에 산 것 같아. 전화기 밧데리가 몇 시간 못 가.

A: 싫어하는 스포츠가 뭐니?
B: 조깅은 진짜 싫더라. 엄청 지겨운 데다가 무릎에 무리까지 가거든.
A: 난 거의 매일 조깅을 하는데. 가장 싼 운동이지.

Day 28 영어 대화 연습

A: 누군가가 가방을 문 옆에 뒀어.
B: 분명히 다시 올 거야, 그러니까 그거 놔둬.
A: 그렇겠네. 그럼 의자 위에 둘게.

A: 저 마지막 노래의 가사가 맘에 들어. 저 CD를 반드시 사고 말 거야.
B: 그래, 정말 괜찮은 것 같아.
A: 유럽에서 굉장히 유명한 밴드래.

Day 29 영어 대화 연습

A: 그녀는 긍정적인 태도덕분에 성공했어.
B: 맞아. 그게 제일 좋은 성공 방법인 것 같아.
A: 늘 긍정적인 자세를 취하는 게 중요하지.

A: 어디에서 그 앨범을 구할 수 있는지 아니?
B: 인터넷에서 그 앨범을 구할 수 있어.
A: 이 밴드는 라이브로 콘서트를 해서 좋아.

Day 30 영어 대화 연습

A: 제 남편이 최근에 서울로 전근을 왔어요.

B: 그러시군요. 한국 생활에 대해서 잘 모르시겠네요.

A: 네. 여기 휴가로 전에 딱 한번 와봤어요.

A: 난 이 더위에서 좀 벗어나고 싶어.

B: 차를 몰고 해안가로 가자.

A: 그거 좋다. 어디 좀 너무 북적거리지 않는 곳으로 가자.

출간 도서 리스트 및 소개

"기술의 최고 완성비밀과, 필명 지원받 《내친》?"

영어책 한권 베껴쓰기

김지환 엮음

1편
에안자

BOOKK♪

영어책 한권 베껴쓰기

좋은 글을 필사하는 즐거움

인생에서 한번은 꼭 봐야 하는 책들이 있습니다. 소위 세계명작들이라는 책 목록이 존재하죠. 그렇지만 독서를 강요받는 느낌에 책이 다루는 주제의 무거움으로 쉽게 손에 닿지 않습니다. 필사라는 행위는 그런 부담을 덜어주는 하나의 방법입니다. 아무 생각 없이 부담 없이 소일거리로 시작할 수 있는데 쓰면서 저절로 마음이 정리되는 가운데 어느 순간 써내려 가는 글자 한자한자, 텍스트의 의미에 집중하게 됩니다. 그런 것이 바로 필사의 매력이 아닐까 합니다.

이런 필사의 맛을 인생에서 꼭 한번은 봐야 한다는 영미소설을 영문과 한글을 필사하면서 느껴보세요.

영어연설 한권 베껴쓰기

리더의 연설은 단순한 언어가 아니다.

때로는 대중을 향한 위로이고
위기를 돌파하는 전략이고
아픔을 달래는 위로이다.

수사나 유머에도
뼈가 있고 의도가 있다.

고도로 다듬어진
세기의 리더들의 레전드 메시지를
한문장 한문장 적어보면서
음미해 본다.

빡센 토익 팟3

LC를 듣지 말고 읽고 이해하라고 하는 발칙한 이유

청취 파트인 파트3은 대화로 이루어져 있고 문제 유형이 정해져 있기 때문에 대략 되풀이되는 흐름이 있다. 예를 들어 대화에서 두 화자가 얘기를 나누는 문제점을 묻는 문제가 출제된다면 대화 중에 문제가 되는 어떤 이슈가 등장한다.

그런데 비즈니스 대화이다. 사무실에서 생기는 문제, 그것도 토익에서 항상 나오는 문제점은 복사기 등 사무기기가 고장났거나 온라인 접속이 안 되거나 서류 등을 찾는 정도이다. 내용? 뻔하다고나 할까.

그런데 듣기가 왜 안 될까? 내용을 제대로 읽고 이해하려고 노력해본 적이 없기 때문이다. **무작정 듣기가 안 된다고 듣기에 집중하면 더 안 되는 것이다.**

빡센 토익 보카

토익 단어의 학습

단순히 단어만 외우면 안 되는 이유가 있다.

REACH라는 동사는 아주 쉽다. 잘 아는 단어일 것이다. '어디에 닿다'라는 뜻이다. 그런데 아래 예문을 보자.

reach the airport	공항에 도착하다
reach a goal	목표에 도달하다
reach the manager	부장에게 연락하다

REACH 뒤에 붙는 명사에 따라 의미가 달라진다. 같은 '도달하다'라는 의미라도 첫 번째 쓰임과 두 번째 쓰임이 다르다는 것을 알 수 있다. 이런 의미 차이는 문맥을 통해, 앞뒤 단어의 관계를 반드시 파악해야 정확하게 알 수 있다. 따라서 토익 단어는 특히 덩어리 표현으로 알아두는 것이 중요하다.

빡센 토익 팟5

Part 5 30문제에 배정 시간은 단 10분
1문제당 20초 내에 풀어야 한다.
요령이 아닌 전략과 탄탄한 지식이 필요하다
파트5는 4유형으로 압축해서
파악해야 빠르다

1 기본기에 요령을 얻었다.
2 암기가 필요한 유형을 철저히 실었다.
3 고득점 유형까지 거의 모든 유형을 다룬다.

스피킹&리스닝 잡기
영어회화 패턴

영어 스피킹과 리스닝
문장 표현으로 한방에 잡기

스피킹과 리스닝을 따로 공부하는 경우가 많습니다. 교재도 따로 나오고 있고요. 그런데 언어는 그렇게 분리되어 익힐 수 있는 것이 아닙니다.

그러면 어떻게 한 번에 같이 해결할 수 있을까요? 사실은 매우 힘든 것이 사실입니다. 그러니 그렇게 따로 공부하는 책들이 많은 것이죠. 하나만 하기에도 벅차기 때문입니다. 그것을 인정합시다. 그렇더라도 귀로 듣고 입으로 내뱉는 말이 다르지 않기 때문에 좋은 표현을 골라 열심히 말해보고 말해본 만큼 들린다는 것은 진리입니다.